Collège Expérimental d'Aviculture

de Château-Thierry

Château de Blesmes

Cours Complet

par correspondance

Dix-Septième Leçon

Création et Conduite d'une Ferme Industrielle
DE PONDEUSES

CE QU'EST UNE FERME INDUSTRIELLE DE PONDEUSES

LA ferme industrielle de pondeuses est une ferme de pondeuses d'au moins 300 têtes (moins de 300 c'est l'élevage familial ou fermier) organisée industriellement, c'est-à-dire sur une base très productrice, sériée, ordonnée, et destinée à être de grand rapport, grâce à la spécialisation.

La ferme industrielle de pondeuses est en effet un établissement de rapport comme l'est une fabrique, une maison de commerce, etc. Elle procure l'avantage de la vie au grand air, d'un travail agréable, de bénéfices élevés certains. Elle est aujourd'hui devenue une des meilleures formes de l'activité vers un rapport d'argent très élevé.

La ferme industrielle de pondeuse, cependant, pour être de grand rapport, doit être créée et installée, sur des bases solides en toute connaissance de cause et c'est ce qui fait l'objet de cette leçon. Vouloir confier sa création, son organisation au simple caprice de l'amateur serait courir au-devant d'un échec absolument certain.

L'orientation, la disposition, la forme, la superficie de chaque propriété particulière entraîne fatalement des variations dans l'ordonnance générale: Envoyez-nous le plan de votre propriété et nous vous tracerons un plan d'organisation rationnelle.

Il est de première importance, lorsque l'on désire créer une ferme industrielle de pondeuses, de décider au préalable :

1° Quel est l'emplacement le meilleur :
    a) pour une réussite de l'élevage ;
    b) pour une vente facile et peu onéreuse des produits ;
    c) pour l'obtention de terrains et de main-d'œuvre à bon compte ;

2° Connaissant la propriété, de rechercher :
    a) quelle forme d'exploitation on envisagera, soit la création des lignées de grandes pondeuses (vente d'œufs à couver, de sujets, de reproducteurs) ;
    b) quelle race on exploitera ;
    c) quel système sera adopté entre :
        l'intensif,
        l'extensif,
        le mixte.

3° De connaître comment on devra procéder pour la création :
    a) division du terrain pour chaque cas ;
    b) le problème de l'eau ;
    c) construction des poulaillers et du petit matériel ;
    d) les annexes et le matériel d'incubation et d'élevage ;
    e) le peuplement ;
    f) le personnel ;
    g) la conduite de la ferme ;
    h) l'administration.

A la base, on devra considérer : 1° de quel capital on dispose ; 2° de la meilleure utilisation de ce capital (état dressé des dépenses probables).

Enfin on pourra ne monter la ferme que progressivement, au fur et à mesure des rentrées, ce qui suppose :

1° Un capital initial tel que l'on puisse déjà avoir un rapport important ;

2° Un plan préalable exact de ce que sera l'élevage afin de ne faire aucun remaniement onéreux.

CHOIX DE L'EMPLACEMENT
POUR UNE REUSSITE DE L'ELEVAGE

Autant que faire se peut, éviter les vallées trop humides, les terrains pauvres, argileux, lourds, les sols secs et arides, les contrées battues sans cesse par le vent, surtout du 1er mars au 1er octobre. Les terrains humides sont un obstacle à la santé des volailles : argileux et lourds, ils font naître les enrouements, corysa, diphtérie, faiblesse des pattes, rhumatismes. Ils ne conviennent ni à l'élevage, ni à la ponte en liberté. Enfin l'atmosphère y est plus chargée d'humidité et les rendements y sont moindres avec de plus fortes dépenses.

On peut améliorer les terrains lourds et humides par le drai-nage.

Creusez des tranchées de 0 m. 60 de profondeur que vous remplissez de pierres puis de terre meuble. Ces tranchées sont rapprochées si le terrain a peu ou pas de pente et vont se jeter dans un canal collecteur qui évacuera les eaux au dehors de la propriété. Evitez d'y laisser des arbres trop près les uns des autres, car ils maintiennent l'humidité du sol en en empêchant l'évaporation. Cependant de petits arbustes sont néecssaires, car l'eau s'infiltre facilement le long de leurs racines.

Un terrain en pente douce vers l'est ou le midi, abrité des vents dominants par des rideaux d'arbres et de haies, est excellent.

Cependant, évitez d'établir votre ferme de pondeuses sur un sable aride, dans des dunes, etc..., tant vaut la terre, tant vaut l'animal qui y grandit.

Un sol sec et riche où les eaux stationnent le moins possible est le meilleur.

Ces conditions ne sont pas exclusives : il y a des régions humides et saines surtout en plaine : la Normandie, la région parisienne , les plaines de Flandre, sont chez nous tout aussi propices à l'élevage que l'est en Angleterre le Yorkshire, si humide et cependant si productif. Le vent pourra être arrêté par des plantations d'arbres et de haies. C'est ainsi que nos parquets de reproducteurs sont installés dans un vaste verger planté de pommiers et entouré sur ses quatre côtés de grands arbres poussés dans une haie haute et épaisse, que nos poussinières sont par groupe de deux dans les vergers exactement semblables. Quand le vent fait rage en plaine, nos oiseaux ne souffrent aucunement de son atteinte.

POUR UNE VENTE FACILE ET PEU ONEREUSE
DES PRODUITS

Les œufs de consommation, à même époque, sont de prix très variables suivant les régions. Il peut y avoir des différences allant jusqu'à 400 francs le mille. On devra donc apporter à cela la plus grande attention. Non pas que l'exploitation de la pondeuse ne soit pas profitable dans les régions où les œufs sont le moins chers, mais les différences de prix causent une très notable augmentation de bénéfice. Les régions où les œufs font les plus hauts prix sont les régions industrielles et les grandes agglomérations en tout temps ; les stations climatériques, thermales, balnéaires, en saison. A Paris, les œufs sont moins chers qu'en ces endroits à cause des arrivages d'œufs étrangers vieux de 3 à 4 semaines... que les Parisiens consomment.

L'aviculteur devra s'efforcer d'obtenir des prix plus élevés que les fermiers, par une excellente présentation de produits de première fraîcheur, par l'adoption d'une marque, vente directe au consommateur par abonnement, à la condition que les frais de transport et d'emballage soient à la charge du client ou laissent place à une différence de profit suffisante pour que la chose soit intéressante. On peut rechercher les consommateurs citadins par la publicité. Les envois ne peuvent être effectués non par colis postaux, très lents, mais par G.V., ce qui implique qu'ils sont faits à courte distance afin que les frais en soient peu onéreux. Les emballages commandés par quantités ne sont pas très chers.

Lorsque l'exploitation sera suffisamment importante, elle pourra avoir en ville sa maison de vente ; ou bien plusieurs élevages peuvent s'associer pour en avoir une. On peut également rechercher la clientèle des hôpitaux, pensionnats, etc... Si la ferme de pondeuses est placée près d'une ville, une adroite publicité pourra amener les citadins à venir eux-mêmes acheter leurs œufs frais à l'élevage ; ou bien on les portera chaque jour à domicile.

POUR L'OBTENTION DES TERRAINS A BON COMPTE

Lorsque l'aviculteur est propriétaire d'un terrain (parc, prairies, champs) il aura presque toujours avantage à exploiter sa propriété, à moins qu'elle ne soit impropre.

Dans le cas contraire, l'aviculteur à la recherche d'une propriété, pourra orienter ses investigations vers les régions où les œufs sont habituellement vendus le plus cher, près d'une ville de préférence. La traction automobile raccourcit les distances il est vrai, et une camionnette de 100 kg de charge utile, peut transporter à prix extrêmement réduit 1.700 œufs environ.

Aux portes d'une ville, les terrains et les maisons sont plus chers que plus loin ; la main-d'œuvre y est aussi plus chère et souvent moins intéressante. Les vols peuvent y être plus nombreux.

D'un côté, près d'une ville il y a une plus-value de recettes possible, mais de plus grandes dépenses. Par conséquent, on n'accordera que peu d'attention à la situation de la ferme de pondeuses par rapport à la ville plus proche, pourvu que la distance n'en soit pas supérieure à 8 kilomètres.

QUELLE FORME D'EXPLOITATION ON ENVISAGERA

Les différentes formes d'exploitation d'une ferme de pondeuses sont de deux sortes :

a) ferme pour la production d'œufs de consommation ;

b) ferme pour la production d'œufs de consommation et création, extension des lignées de grandes pondeuses ;

c) Dans l'un comme dans l'autre cas on pourra joindre, suivant la race employée, l'engraissement des coquelets produits en surnombre.

PREMIÈRE FORME

FERME INDUSTRIELLE POUR LA PRODUCTION
D'ŒUFS DE CONSOMMATION

C'est l'établissement le plus simple, le moins coûteux, le plus facile à conduire. Il est à la portée de tous car pour être créé il ne demande que peu de capitaux, une instruction avicole plus restreinte, beaucoup moins de main-d'œuvre. Proportionnellement à la surface du terrain occupé et aux capitaux en jeu, c'est celui qui rapporte le plus.

Nous entendons ici séparer complètement la ferme de pondeuses de l'établissement dont le but est la création de lignées de pondeuses. La ferme de pondeuses spécialisée n'est pas aménagée, organisée pour la sélection de ces lignées ; elle les exploite au lieu de les créer. Il faut le dire : elle n'est en aucune façon organisée pour la production des œufs à couver, des poulettes, des coquelets de grande valeur, pas plus qu'une filature n'est organisée pour fabriquer des métiers ou pour récolter le coton, pas plus que la ferme de l'exploitation ne l'est pour la sélection des chevaux, ce qui est réservé aux éleveurs et aux haras. Ce n'est pas chez elle que vous devez vous procurer les souches qui serviront de base à votre établissement : c'est à l'établissement de sélection.

La ferme de pondeuses achète ses œufs à couver ou ses poussins chaque année, à l'établissement créateur de lignées de pondeuses. Il lui sera maintenant possible d'acheter ses poussins dans un grand couvoir industriel spécialisé pour cette production.

Le but de la ferme de pondeuses est plus modeste que celui de l'établissement de sélection : il est de faire pondre des œufs produits le plus économiquement possible, sans les dépenses formidables, la main-d'œuvre onéreuse, les surfaces considérables nécessitées par la spécialisation de la production des lignées. Rappelons-nous que le bénéfice croît avec la spécialisation et que l'on gagne plus d'argent, avec moins de travail, et sur moins de terrain si l'on a 1.000 pondeuses produisant uniquement des œufs de consommation que si l'on ne fait que 500 pondeuses et que l'on ajoute aux frais de son exploitation, les parquets multiples de reproducteurs, la publicité (très chère), les emballages, les envois, la correspondance, etc..., etc...

Chacun peut, après une étude sérieuse préalable, mener à bien une très grande ferme de pondeuses ; il faut d'autres qualités pour conduire un établissement de sélection. Divisons donc le travail pour le bien faire.

La ferme industrielle de pondeuses d'œufs de consommation doit tirer le meilleur parti, en considérant les dépenses occasionnées pour ce fait, des coquelets en surnombre et des pondeuses réformées. Les recettes que ces opérations font naître doivent payer l'achat des œufs à couver ou des poussins de un jour ainsi que les dépenses d'élevage jusqu'à la ponte.

En effet, une pondeuse réformée de bonne souche doit se vendre à l'heure actuelle au moins 18 francs ; vendre à 12 semaines le coquelet élevé concurremment avec chaque poulette, 12 francs. En tout 30 francs. Or, de la naissance à la ponte, une poulette coûte 12 francs au maximum à nourrir. Restent 18 francs qui compensent très largement l'achat des 2 poussins 1/2 ou des 4 œufs à couver considérés comme les quantités maximum à se procurer pour obtenir une excellente pondeuse. Le bénéfice de l'exploitation est alors constitué par la différence entre le prix des œufs produits et le coût de la nourriture, de la ponte à la réforme. L'aviculteur doit donc chercher : 1° à abaisser le prix de revient de la nourriture en augmentant la production ; 2° à avoir des pondeuses, précoces sans excès ; 3° à se débarrasser au plus tôt de tout sujet devenu inutile ou devant grever les frais. Pour y réussir suivez les conseils que nous vous donnons dans les leçons précédentes, ces sujets ayant été traités à fond.

Deuxième Forme

PRODUCTION D'ŒUFS DE CONSOMMATION
ET DE LIGNÉES DE GRANDES PONDEUSES

La production de lignées de grandes pondeuses implique nécessairement celle d'œufs de consommation car elle veut, afin de faire un choix très sérieux entre les pondeuses, un très grand nombre de ces oiseaux. Qu'il nous suffise de vous dire que si M. Atkinson, par exemple, enregistre aujourd'hui pour un nombre croissant de poulettes, des records de plus de 300 œufs par sujet et par an, c'est qu'il possède 15.000 pondeuses en une seule race. Il est de toute évidence que plus le nombre de pondeuses de chaque race soumises au contrôle de ponte en première année est élevé et plus nombreuses seront celles qui produiront de hauts records et meilleures seront les lignées. Plus le nombre de ces pondeuses sera élevé et plus parfaite sera la sélection au point de vue nombre et grosseur des œufs, rusticité et beauté des sujets. Il n'est pas téméraire d'affirmer que pour faire un travail sérieux il faut *au moins* 500 pondeuses d'une seule race.

Tous les œufs que produisent ces volailles ne sont pas incubés : d'où vente d'œufs de consommation.

Nous avons vu que pour produire des lignées de pondeuses on doit posséder un grand nombre de petits parquets de reproducteurs ou un coq seul est placé ; que l'on doit avoir un couvoir plus vaste, des parquets d'essai des coquelets, des parquets d'élevage plus nombreux.

Tout ceci peut doubler, tripler les frais d'installation et demande une plus grande surface de terrain : d'où une plus grande somme de capitaux.

D'autre part, les capitaux engagés dans une simple ferme de pondeuses d'œufs de consommation sont immédiatement productifs en totalité. Ceux engagés dans un établissement de sélection, par contre, ne sont pas immédiatement productifs en totalité. La part réservée à la sélection pure ne rapportera que lorsque les lignées seront constituées, ce qui demande une très grande science et des capitaux énormes tant pour l'achat des reproducteurs de surchoix (gagnants de Concours de ponte Internationaux, sujets d'élite), que pour l'installation et la main-d'œuvre ; il faut compter qu'un tel établissement ne sera en plein rapport avant plusieurs années.

Mais lorsque le travail de sélection aura porté ses fruits, le rapport de cet établissement sera plus élevé. Il est impossible à chiffrer tant il est variable.

Alors qu'une ferme industrielle productrice d'œufs de consommation peut tenir 1.000 pondeuses (600 de 6 à 18 mois, 400 de 18 à 30 mois) et assurer le renouvellement annuel des 600 poulettes nouvelles, le tout sur un hectare, sur un système intensif, un établissement de sélection ne devra pas compter tenir sur un même espace la moitié de ce nombre de pondeuses. D'autre part, un ménage pourra vivre très confortablement par l'exploitation d'une ferme d'un hectare 1/2, tandis qu'un établissement de sélection doit être installé sur 5 hectares au moins.

Dans ce dernier cas, le terrain serait divisé de la manière suivante :

1.500 pondeuses sur 1 hectare (1.000 de 6 à 18 mois, 500 de 18 à 30 mois) ;
250 reproducteurs sur un hectare ;
Elevage de 1.500 poulettes sur 2 hectares ;
Coquelets futurs reproducteurs, 1/2 hectare ;
Allées, chemins, services, etc., 1/2 hectare.
La propriété sera donc divisée de cette façon :
1/5 pour pondeuses ;
1/5 pour reproductrices ;
2/5 pour élevage ;

1/10 pour coquelets reproducteurs ;

1/10 pour allées, services, etc...

Dans un établissement de sélection, les pondeuses sont presque toujours élevées de la même façon que celles d'une ponderie industrielle ; cependant nous devons dire que les terrains à affecter doivent être plus vastes, que les incubations ne doivent pas être faites aux mammoths, mais à l'aide de petits appareils fonctionnant très bien et aussi à la poule. De même que nous mettons dans ce cas couver à la poule, que nous élevons à la poule nos reproducteurs une fois tous les trois ans, de même devons-nous, au moins une fois tous les trois ans, rapprocher nos procédés d'incubation et d'élevage des conditions de la nature sauvage afin de retremper l'organisme de nos lignées ,de leur rendre cette force primitive que la domestication raffinée lui a fait perdre.

Comme la ferme industrielle de pondeuses, l'établissement de sélection a intérêt à chercher quel est le meilleur parti à tirer des coquelets. La ferme de pondeuses ne vend pas de coquelets pour la reproduction, sauf à l'élevage fermier ; elle dirige donc presque toute sa production sur le marché, à l'âge de 12 semaines.

L'Etablissement de sélection devra apporter un soin très minutieux au tri des coquelets : ceux provenant d'accouplements reconnus excellents et devenus très prometteurs (conformation, sang, précocité, vivacité, etc.) sont conservés pour la reproduction ou la vente comme reproducteurs. L'établissement vend, outre les produits de consommation, des œufs à couver, des poussins de un jour, des poulettes, des poules, des coquelets, des coqs. Il a intérêt à élever plus de poulettes qu'il ne lui est nécessaire afin de pouvoir satisfaire aux demandes de cet ordre.

Mais il ne faut pas s'exagérer la portée de ces ventes : on vend beaucoup moins d'œufs à couver qu'autrefois car le client préfère acheter avec raison des poussins de un jour.

La conduite de l'Etablissement de sélection est différente de celle d'une simple ferme de pondeuses. Celle-ci peut avoir intérêt à faire ses incubations sur une période plus longue, à conserver plus de poules de 18 à 30 mois. Elle n'aura pas de reproductrices, moins de poulaillers, un travail plus facile, plus simple parce que moins divers. La ferme de pondeuses d'œufs de consommation convient aux aviculteurs ayant une propriété et des capitaux restreints, préférant n'avoir aucun personnel ou un personnel restreint, ne voulant pas s'astreindre au travail de sélection, qui entraîne la création d'un bureau commercial organisé (correspondance, publicité, service de vente, d'expéditions, etc...). Le Directeur de la ferme de pondeuses aura une instruction suffisante s'il suit avec attention notre Cours par correspondance, tandis que le Directeur de l'Etablissement de sélection devra y joindre des stages, posséder des qualités intellectuelles et des aptitudes commerciales beaucoup plus grandes que le précédent.

Ces deux spéculations, quoique sœurs, procèdent de conceptions totalement différentes. Le petit établissement mixte qui voudrait concilier la ferme de pondeuses et l'établissement de sélection sur un terrain restreint, avec des capitaux limités ferait une formidable erreur. Or, combien d'aviculteurs sont aujourd'hui en train de faire cette erreur. Ils tombent dans le défaut d'organisation que possédaient tous ou presque tous les établissements sportifs (aviculture d'exposition). L'aviculture à petits parquets, grands comme des mouchoirs de poche, munis de baraques quelconques, dans un coin de jardin, ce n'est pas de l'aviculture. Etendre ce système sur 2 hectares est la pire des fautes. Et combien de personnes encouragent un tel désordre... Donc, de deux choses l'une : ou bien faites des œufs de consommation, industriellement comme nous l'avons expliqué, en achetant tous vos œufs ou mieux tous vos poussins de un jour chaque année. Vous aurez un métier excellent et une vie tranquille.

Ou bien concevez un établissement de sélection de lignées de pondeuses : votre établissement accaparera toute votre activité intellectuelle et physique, et rendra en proportion de la perfection de vos animaux, des résultats que vous obtiendrez, de vos méthodes de publicité et de vos qualités personnelles.

QUELLE RACE ON EXPLOITERA

Posons en principe que l'on ne devra exploiter qu'une seule race, dans tous les cas, surtout dans celui de la ferme de pondeuses.

La race que l'on choisira sera-t-elle celle pour laquelle on a un caprice ou bien celle qui donnera le maximum de bénéfice, c'est-à-dire, travaillez-vous pour vous amuser ou pour le profit ? Voilà les questions qui permettent de faire un choix. Deux races seulement, uniquement, sous peine de faillite à brève échéance, quelles que soient les lignées que vous puissiez obtenir parmi les autres races, peuvent être adoptées aujourd'hui par la ferme industrielle de pondeuses. Ce sont :

La Leghorn blanche ;
La Wyandotte blanche.

Pourra-t-on aussi prendre la Bresse Noire ? Nous préférons vous dire : attendez encore que les établissements de sélection aient perfectionné cette race dans le sens de la ponte d'hiver et de l'homogénéité des sujets.

L'Etablissement de sélection, lui, pourra avoir des vues beaucoup plus larges : ayant des capitaux en réserve, moins pressé de réaliser, il pourra chercher à se faire un nom. Il pourra travailler soit une race non sélectionnée encore, soit une race ayant déjà été perfectionnée.

Mieux vaut, pour cet établissement, tenir deux races, si l'une des deux n'est pas couveuse : les poules demandant à couver serviront à couver chaque année le tiers des œufs provenant des meilleurs sujets et la perfection de cet élevage naturel rendra aux lignées amoindries par l'incubation et l'élevage artificiels leur vigueur primitive. Ainsi Leghorns blanches et Wyandottes, Bresses noires et Faverolles peuvent parfaitement être choisies.

QUEL SYSTEME ADOPTER

Les systèmes d'organisation et de direction d'un établissement industriel avicole sont au nombre de trois :

Le système intensif ; le système mixte ; le système extensif.

En intensif, les volailles sont denses ; les poulaillers sont vastes, peu nombreux et rapprochés ; les parquets peu étendus : il y a économie de terrain, de constructions et il y a dans la tenue de l'établissement économie de main-d'œuvre. Les volailles sont le plus possible en liberté.

Il semble au premier abord que l'extensif soit plus rémunérateur que l'intensif : c'est faux. Supposez un établissement où des poulaillers soient à 3 km. du centre d'élevage. Un ouvrier doit s'y rendre au moins 3 fois par jour. Quelle dépense imputer à un seul de ces parcours, à tant par jour ou par heure ?

Nous vous avons dit ce que nous pensions de l'alimentation des pondeuses en liberté ; nous n'avons pas besoin d'y revenir. L'extensif est fatalement condamné par l'aviculture moderne et ne peut

convenir qu'à la tenue des reproducteurs des établissements
créateurs de lignées pour laquelle il est obligatoire. On peut
évidemment l'employer dans l'élevage et la préparation des poulettes
pour la ponte ; mais c'est un procédé trop coûteux pour qu'il soit
industriel, c'est-à-dire de grand rapport. Les prétendus avantages
d'ailleurs (robustesse) sont assez illusoires et ses inconvénients
(manque de surveillance) plutôt graves. En résumé, le système le
meilleur pour une ferme de pondeuses d'œufs de consommation est
le système intensif, et pour un établissement de sélection, le système
mixte : extensif sans exagération pour l'élevage, intensif pour la
ponte d'hiver, mixte ensuite, extensif pour la reproduction.

Le système intensif permet d'élever 750 poulettes à l'hectare,
de tenir 2.000 pondeuses à l'hectare.

Le système extensif demande 20 m2 par sujet d'élevage et de
ponte 30 à 40 par reproducteur.

COMMENT ON DOIT PROCEDER POUR LA CRÉATION
DIVISION DU TERRAIN
FERME INDUSTRIELLE DE PONDEUSES

C'est l'application de la théorie américaine : 1.000 pondeuses,
1 hectare, 1 homme. Cependant, nous devons dire qu'il est indis-
pensable d'ajouter à cet hectare le terrain nécessaire pour les
chemins, les isolements. Bref, pour ne pas tomber dans l'exagération, comptons que nous pouvons tenir 1.000 pondeuses compo-
sées de 600 sujets de 6 à 18 mois et 400 de 18 à 30 mois (environ)
et élever les 600 poulettes nécessaires chaque année, le tout dans
1 hectare 1/2, soit :

2.000 sur 3 hectares ;
3.000 sur 4 hectares 1/2 ;
4.000 sur 6 hectares.
Soit donc un terrain de 1 hectare 1/2. Nous y entendons :
1° Tenir 1.000 pondeuses ;
2° Elever les poulettes nécessaires au renouvellement de 600
d'entre elles ;
3° Y mettre des poulaillers d'isolement permettant d'y soigner
les malades.

TENUE DES PONDEUSES

Ces 1.000 pondeuses, soumises à la lumière artificielle, sont logées dans un vaste poulailler compartimenté, chaque compartiment ayant 5 m. $\times$ 10 m. et renfermant 150 pondeuses. Ainsi il y aura quatre compartiments pour 600 poulettes, trois compartiments de même taille pour 400 poules.

Celles-ci sont au nombre théorique de 133 par compartiment ; plus fortes, elles demandent plus d'espace. Le poulailler a donc 70 m. $\times$ 5 m.

Le terrain nécessaire aura 50 ares ou 1/2 hectare, y compris l'emplacement du poulailler et des chemins. Le poulailler formera un côté du rectangle donné aux pondeuses. L'autre côté aura 72 mètres.

En juillet, à la rentrée des pondeuses dans le poulailler (rentrée qui se fait d'une façon progressive, insensible, en allongeant chaque jour la période d'exercice matinal) le terrain sera retourné et cultivé. On pourra y semer de l'herbe et y repiquer les choux d'hiver.

TERRAIN NECESSAIRE A L'ELEVAGE

Pour assurer le renouvellement de 600 poulettes, il faut faire quatre incubations de 500 œufs donnant 350 poussins environ, desquels nous tirons 150 bonnes poulettes. Il faut disposer d'une poussinière d'élevage de 28 m. $\times$ sur 3 m. et d'un terrain de 2.000 mètres carrés divisé de 80 ares.

Il faudra deux éleveuses au charbon et une au pétrole de grande capacité (dites de 1.000 poussins) ou 3 au charbon.

Si la race adoptée est la Leghorn (ce que nous conseillons), les naissances auront lieu lès 1er mars, 15 mars, 1er et 15 avril. En Wyandottes, on les avancera de 15 jours, mais il faudra 4 éleveuses.

Afin d'avoir suffisamment de verdure, on pourra cultiver un champ de 20 ares, car les doubles parquets de chaque salle d'élevage ne seront semés que de gazon.

L'isolement pourra se trouver dans ce champ. Nous vous recommandons 20 ares de luzerne, puis 10 de betteraves ou de sarrazin.

Les 150 ares seront donc employés.

Si, au lieu d'un hectare et demi, on veut en employer deux,

on n'augmentera pas le terrain donné aux pondeuses, mais on augmentera de moitié la superficie accordée aux poulettes élevées et on réservera 10 ares pour 50 chapons destinés à la consommation familiale.

DIVISION DU TERRAIN
CREATION DE LIGNEES DE PONDEUSES

Modifications à apporter au plan précédent :

On supprimera un compartiment de poules de 18-30 mois au poulailler de ponte (130 sujets). Ces 130 sujets (environ) sont mis en petits parquets ayant à leur tête un coq ou coquelet pour la majorité des parquets, soit deux coquelets frères. Ces parquets auront de 30 m. à 40 m2 par tête de volaille et pourront être doubles, chaque partie étant occupée un an sur deux et ainsi chaque volaille aura toujours de 15 à 20 m2 de terrain. Les poulaillers seront de chaque côté et contre une longue allée de façon que le service soit rapide.

On pourra aussi adopter toute autre division du terrain, mais dans tous les cas on laissera 5 m2 au moins par pondeuse ; 15 à 20 m2 par poulette élevée, à la condition qu'à 12 semaines au plus tard les coquelets soient enlevés.

Il faut compter pour faire rapidement de la bonne sélection, conserver 1 reproductrice par 5 pondeuses à renouveler. On pourra aussi faire de nombreuses poulettes pour la vente et, si le nombre de parquets de reproductrices par race est suffisant (au moins 8 de 1 coq et 3 de plusieurs coqs sans compter les parquets d'essai des coquelets) on sera certain de réussir les sélections.

Les parquets d'essai des coqs seront mobiles sur un terrain et assez semblables à la boîte d'incubation et d'élevage, mais plus vastes ; soit un petit poulailler de 1 m. à 1 m. 20 en tous sens, muni d'un parquet grillagé couvert de 2 m. de long. Chaque semaine le poulailler est déplacé. Toutes les quatre semaines il peut revenir sur le même terrain. Ce terrain peut donc être divisé mentalement en bandes longitudinales de 1 m. 20 et transversales de 3 m. 20. Quatre des rectangles ainsi obtenus seront affectés à chaque coq à l'essai.

Ce système a été inventé pour les pondeuses (5 pondeuses par poulailler de 1 m. $\times$ 2 m. soit 5 pondeuses pour 8 mètres carrés de terrain ou 6.250 à l'hectare. C'est le « Philo-system » très beau sur le papier, mais impraticable pour la ponte intensive, car il est la négation absolue des qualités d'un système industriel.

CONSTRUCTION DES POULAILLERS ET DU
PETIT MATERIEL

Deux moyens s'offrent à vous pour vous procurer des poulaillers et du petit matériel :

1° La commande dans un établissement spécialisé ;

2° L'utilisation de plans cotés d'architectes que vous exécuterez vous-mêmes ou faites exécuter chez vous.

Voyons les avantages de chaque système :

Si vous vous adressez à une fabrique de poulaillers (il y a des fabriques d'excellents poulaillers modernes) vous devez vous attendre à payer des prix presque prohibitifs d'une part, puis à avoir de la casse d'autre part.

Si vous achetez votre bois (lames de parquet de sapin, chevrons, voliges) et qu'à l'aide de plans vous construisiez soit vous-même, soit par l'aide d'un simple ouvrier charpentier de campagne, vous réaliserez une économie pouvant aller à 50 % de certains prix de commerce.

Vous n'aurez pas de casse car le bois brut n'est pas fragile.

Vous pourrez construire au moment choisi par vous et apporter telles modifications aux plans prévus.

Nous vous conseillons donc vivement de construire à l'aide d'excellents plans.

Nous avons joint à ce cours les plans du petit matériel en bois, mais nous n'avons pu à notre grand regret, y ajouter ceux des poulaillers, ceux-ci étant trop chers pour permettre de faire au cours un prix abordable. Nos élèves peuvent se les procurer chez nous. Ils en auront la satisfaction la plus complète.

Le matériel d'incubation et d'élevage doit être acheté tout manufacturé.

Dans chaque compartiment du poulailler viendront loger les poulettes issues de la même incubation et élevées ensemble sous la même éleveuse. Le nombre des compartiments réservés aux poulettes pondeuses est égal au nombre de poussinières ou d'éleveuses sous la grande poussinière.

Chaque poussinière est divisée en deux parties, a 3 m. $\times$ 7 m. soit 21 m2. Jusqu'à la ponte, les poulettes y seront à la densité de 7 au mètre carré ce qui n'est pas trop pour des animaux en croissance jouissant d'une complète liberté.

Chaque poussinière est divisée en deux parties : une chambre chaude de 3 m. $\times$ 3 m. et une chambre froide de 3 m. $\times$ 4 m. Entre ces deux salles est une cloison mobile munie d'une porte. Pour la construction de cette poussinière, on fera bien de consulter la leçon spéciale.

A ces bâtiments vous joignez un isolement. Nous vous conseillons pour cela un poulailler de 6 m. de long, de 2 m. 50 de profondeur, divisé en trois compartiments de 2 m. 50 chacun.

Donc, en tout, par 1.000 pondeuses :

Un poulailler de ponte moderne de 70 m. $\times$ 5 m. ;

Quatre poussinières-colonies de 7 m. $\times$ 3 m. ;

Un isolement de 6 m. $\times$ 2 m. 50.

Si l'exploitation se compose de plus de 1.000 pondeuses, et dans ce cas seulement (ce afin que les poussins soient mieux surveillés, plus près des bâtiments habités) vous aurez peut-être intérêt à avoir une poussinière multiple, à compartiments, renfermant 2, 3, 4, 5 éleveuses.

A l'âge de deux mois les poussins sont alors transportés dans des poulaillers-colonies.

LE PROBLEME DE L'EAU

Ce sujet a été traité dans les leçons sur l'alimentation.

Le problème de l'eau doit être résolu avec avantage : puits muni d'une pompe emplissant un réservoir surélevé puis canalisations allant distribuer l'eau dans toutes les parties de la ferme avicole, éolienne, etc...

Toutes les eaux de nettoyage doivent être évacuées après désinfection si possible.

LE FUMIER

Où mettre le fumier ? A l'air libre, il dégage, surtout en été, une odeur nauséabonde. Les oiseaux y viennent picorer et peuvent ainsi propager une maladie ignorée. De plus, les pluies, le soleil, l'air, lui font perdre une grande partie de sa valeur. Le fumier doit être porté dans un hangar placé dans un endroit caché de préférence et construit comme suit :

Sur un sol bétonné un hangar rectangulaire clos de 3 côtés est monté. Le toit de ce hangar est à double pente. Sur une pente du toit s'ouvrent deux larges lucarnes par où on jette le fumier. Afin de rendre cette opération aisée, on a construit contre le hangar une levée de terre qui prolonge le chemin.

Le côté du hangar (un bout) que nous avons laissé ouvert se clôt au moyen de planches coulissant dans les glissières latérales. Le fronton fermé au pignon s'obstrue par un ou des volets mobiles.

Lorsque l'on veut enlever le fumier, on enlève le fronton puis les planches coulissantes : on peut alors charger les tombereaux.

En cas d'épidémie les fumiers (et les fientes) sont brûlés.

LES CLOTURES

Les clôtures constituent dans l'installation d'une ferme avicole avec la construction des poulaillers, les dépenses qui absorbent le plus de capitaux. On devra par conséquent, s'efforcer d'en diminuer le coût : piquets en bois achetés à bon compte, et carbonylés ; grillages achetés en gros, peu élevés, surmontés de fils de fer tendus, le tout posé par la main-d'œuvre la moins chère possible. Surtout pas de luxe. Les poteaux en fer T ou cornières, préférables au bois ne seront choisis que si les capitaux disponibles permettent de les employer. On pourra s'efforcer d'acheter des stocks de pieux provenant de l'armée.

PEUPLEMENT

Les manières de peupler une ferme de pondeuses et un établissement de sélection sont totalement différentes. Dans le premier cas on tiendra compte à la fois de la valeur des sujets que l'on apporte et de leur prix ; dans le second on ne devra s'inspirer que de la valeur sans s'inquiéter du prix.

PREMIER CAS
PEUPLEMENT D'UNE FERME INDUSTRIELLE
DE PONDEUSES

Une ferme industrielle de pondeuses se peuple par l'achat d'œufs à couver ou par l'achat de poussins.

La première année, on pourra ne peupler que les compartiments de pondeuses de première année. Mais on pourra aussi peupler tous les compartiments : La deuxième année on n'aura que le renouvellement des pondeuses réformées à assurer.

PEUPLEMENT A L'AIDE D'ŒUFS A COUVER

Cette façon est la moins bonne parce que, quelle que soit la valeur des œufs que vous achetez, quelle que soit la vigueur des embryons qu'ils contiennent, le voyage peut toujours leur faire subir un tort considérable. Ainsi vos éclosions peuvent varier à qualité égale d'œufs dans des limites énormes selon la distance et les soins pris par les transporteurs. Comptez que vous devez acheter deux œufs pour obtenir un poussin élevé, soit quatre œufs pour obtenir une poulette. Vous devez y ajouter les dépenses nécessaires pour l'aménagement d'un couvoir, l'achat d'appareils, les frais d'incubations ,la main-d'œuvre.

Bref, si vous avez la bonne fortune d'acheter d'excellents œufs 2 fr. la pièce, la poulette, comme le coquelet, vous reviennent environ 5 francs la pièce, à la naissance. De plus, cette poulette pourra être plus faible que prise au couvoir, à cause du vieillissement des œufs, de leur voyage, et, peut-être, de moins bonnes incubations.

PEUPLEMENT A L'AIDE DE POUSSINS
DE UN JOUR

C'est celui que nous vous recommandons chaudement et qui a pris le pas sur le premier dans les pays où l'aviculture est exploitée intensivement.

Achetez vos poussins dans un couvoir disposant d'appareils parfaits et produisant lui-même, si possible, ses œufs à couver : la responsabilité de votre vendeur ne dépend que de lui-même, elle n'est donc pas subordonnée au degré d'honnêteté des personnes chez lesquelles votre accouveur achète ses œufs. D'autre part vous trouverez toujours chez votre producteur de poussins la certitude d'obtenir des sujets plus robustes parce que provenant d'œufs n'ayant pas voyagé.

Le prix des poussins est une considération importante de cet achat. Il faut, certes, la qualité, mais pas à un prix prohibitif.

Or, les œufs à couver de qualité sont chers. Leur prix oscille en ce moment entre 5 et 8 francs la pièce. L'accouveur qui achète ses œufs pourra s'estimer heureux s'il achète des œufs à 2 francs la pièce. A ce prix il lui est impossible de vendre le poussin de un jour moins de 5 francs. Cette somme de 5 francs représente en ce moment le prix d'achat de la poulette à la naissance, soit le même prix que dans le cas précédent.

Mais nous sommes en mesure d'affirmer que dès 1925 inclus, vous trouverez d'excellents poussins de lignées de grandes pondeuses, par quantités, au prix de 5 francs la pièce. A ce prix aucune ferme de pondeuses ne devrait posséder une seule reproductrice.

TRANSPORT DES POUSSINS
DE UN JOUR

Le plus grand inconvénient du transport des œufs à couver c'est la rupture des chalazes à la suite de chocs, la torsion puis rupture des mêmes chalazes à la suite des mouvements continus du jaune de l'œuf, la rupture de la membrane coquillère au gros bout de l'œuf, leur vieillissement, leur évaporation beaucoup trop active et mortelle en été, le gel mortel par temps froid. Non seulement l'œuf est dans des conditions épouvantables pour sa bonne conservation (voir 3ᵉ leçon), mais encore il est à la merci de la bonne volonté des employés de chemin de fer, et du hasard.

Au contraire, le poussin d'un jour, qui obligatoirement ne doit prendre aucune nourriture avant qu'il ne se soit écoulé 48 heures au moins, entre son éclosion et son premier repas, se trouve dans de bonnes conditions pour le voyage. Expédié dans des emballages chauds et suffisamment aérés, conduit sitôt sec en automobile à la gare où il prend les trains express, profitant d'une attention spéciale des employés de chemin de fer aux gares de transbordement, car l'envoyeur soucieux de ses intérêts aura pris soin d'avertir les chefs de stations, il pourra sans aucun mal, traverser la France entière. Mieux : Pour les fortes expéditions, on pourra détacher un employé de l'élevage qui les accompagnera à la gare de Paris desservant le réseau du destinataire, et cet employé veillera à ce que l'envoi soit mis dans le train propice.

De plus, on pourra joindre un nombre de poussins supérieur de 10 % à celui commandé. Enfin l'envoi sera ouvert par le destinataire, en gare, à la réception, et les poussins morts ou mourants seront remboursés après déclaration signée du chef de gare. Ainsi les avantages des acheteurs seront totalement sauvegardés.

A l'arrivée, ces poussins seront immédiatement mis sous une éleveuse chaude préparée à l'avance, on leur donnera un premier repas de pain sec, même le soir ou la nuit. Dans ce dernier cas, ce repas suffira pour attendre le lendemain matin. Le lendemain on trouvera les petites bêtes bien gaillardes et vives, ayant abandonné la torpeur de la veille.

2e Cas

PEUPLEMENT D'UN ETABLISSEMENT DE SELECTION

Ici nous avons des dépenses bien considérables parce qu'elles concernent l'achat des sujets des meilleures origines.

Ce peuplement peut se faire par l'achat d'œufs à couver, de poussins de un jour, de poulettes, de coquelets, de volailles adultes.

Le moyen qui vous offre le maximum de garantie est l'achat, dans les meilleures fermes du monde, des reproducteurs, ayant remporté des victoires dans les concours de ponte sérieux, puis vient l'achat de coquelets et de poussins, puis d'œufs à couver, enfin de poulettes en croissance. Nous ne saurions trop vous persuader de vous entourer du maximum de garanties possibles, de vérifications après achat. Lisez à ce sujet le numéro de *Vie à la Campagne* du 1er juillet 1923. Il vous montrera comment on peut être « enrossé » par des aviculteurs réputés jusque là honnêtes.

L'honnêteté est une vertu silencieuse et modeste. Nous sommes persuadés que nos élèves n'y failliront jamais.

La leçon « Sélection des lignées de pondeuses » donne le supplément d'informations nécessaires pour la constitution d'un troupeau de reproducteurs destinés à peupler un établissement sérieux, producteur d'œufs à couver, c'est-à-dire, inséparablement, de lignées de fortes pondeuses.

PERSONNEL

Le personnel d'une ferme industrielle de pondeuses est réduit. Un homme, en effet, ou une femme, peut faire tout le travail exigé pour un poulailler de 2.000 pondeuses et plus sans aide.

C'est là l'immense supériorité des méthodes que nous préconisons et qui laissent sans aucune contestation les plus grands bénéfices. Nous voulons dans une exploitation une spécialisation absolue et une grande simplicité de travail. Pas un geste ne doit être perdu et tout doit être agencé de façon à diminuer le nombre de pas, des gestes, à rendre le travail facile et peu fatiguant.

Comme la ferme industrielle de pondeuses ne pratique pas le contrôle aux nids-trappes, les travaux sont ceux de propreté et d'hygiène, de préparation et distribution des nourritures, de l'emballage et de l'expédition des œufs. Nous vous donnons l'assurance qu'une seul homme peut sans mal, accomplir toute la besogne d'un poulailler de 2.000 pondeuses : Dans les grandes fermes de sélection d'Amérique, un seul homme a à sa charge la propreté, l'hygiène, la distribution des nourritures et la sélection aux nids-trappes de 2.000 pondeuses sous le même toit. On lui apporte la nourriture toute préparée ainsi que la paille. Or le contrôle aux nids-trappes et l'inscription des œufs prennent beaucoup plus de temps que la préparation de la nourriture, ainsi que le transport journalier des fientes, celui, mensuel, de la paille.

Mais si vous voulez disperser vos pondeuses en grand nombre de petits poulaillers, vous succomberez à la besogne.

Reste la période de l'élevage. Nous avons vu que vous devrez élever chaque année un nombre de poulettes égal aux 6/10e de l'effectif total de vos pondeuses.

A ce sujet, comptez que vous élèverez en bandes de 400 à 500 poussins, et qu'une personne peut se charger de la conduite de 5 éleveuses de cette capacité, soit 2.000 à 2.500 poussins, et exécuter tout le travail réclamé par eux.

Les incubations pourront être faites par la personne chargée du poulailler des pondeuses ou par celle chargée des poussins : elles prennent un temps infime si vous avez de bons appareils, *à air chaud, à régulateur parfait, à humidification réglable*. Que n'a-t-on pas dit et écrit au sujet de l'humidification ; on a même été jusqu'à *nier* sa nécessité, alors qu'elle est, avec le facteur thermique, la *principale* cause de réussite.

Lorsque les derniers poussins ont 2 mois, ils prennent beaucoup moins de temps. Un aide bénévole n'ayant fait aucun apprentissage, mais décidé à suivre vos conseils à la lettre, sera suffisant. Un gamin de 14 ans sera heureux de gouverner ainsi un troupeau de 3 à 6 mois ,logé dans vos poussinières-colonies. Si vous avez une aide permanente : votre épouse ou un domestique, vous n'aurez pas besoin, pour une ferme de 2.000 pondeuses, de vous faire seconder par une troisième personne, excepté pour les labourages que vous pourrez faire faire « à façon » par un cultivateur.

En ce qui concerne l'établissement de sélection des pondeuses, nous tombons ici dans des frais de main-d'œuvre beaucoup plus considérables.

Comptez par 2.000 pondeuses : un homme chargé du poulailler, un autre de 25 parquets de reproducteurs, une personne à l'élevage et aux sujets en croissance, une pour la direction, les incubations et les sélections, un employé de bureau pour la correspondance et la comptabilité. En tout 5 personnes.

Si vous désirez établir un établissement de sélection de moins de 2.000 pondeuses, vos ouvriers devront être à plusieurs services à la fois, ce qui n'est pas pratique et ne « rend » pas. Encore une fois : *Spécialisation*.

CONDUITE DE L'ETABLISSEMENT AVICOLE
ADMINISTRATION

A ce que cette leçon contient, nous n'ajoutons pas ici la teneur des autres leçons. Il est bien inutile que nous nous répétions. Nos œufs sont maintenant pondus, nos jeunes sont élevés et nous n'avons plus qu'à les vendre. Vous vous reporterez pour ce sujet à la dernière leçon de ce cours, nous y étudierons ensemble les qualités, les procédés commerciaux à employer et nous verrons de près le problème de la publicité, ainsi que celui de la comptabilité.

LA GROSSE QUESTION : LE CAPITAL

Voilà la grosse question arrivée : Nous envisagerons ici la question budget pour la ferme industrielle de pondeuses et pour l'établissement créateur de lignées. Nous verrons ensuite le côté rapport. Nous ne voulons pas vous « dorer la pilule » et compterons d'après les prix de 1923.

FERME INDUSTRIELLE DE PONDEUSES

Type : 1.000 pondeuses

Votre maison d'habitation — ou celle de votre employé — doit être pourvue d'un potager : Soit 10 ares, ce qui porte à 1 hectare 59 ares 12 ca., pour un terrain de 221 m. de long sur 72 m. de large. Le périmètre en est de 586 m.

Propriété de 40.000 francs, représentée en dépense par
   un intérêt à 7 % (non amorti)................ 2.800 fr.
Clôtures de la propriété, à 6 fr. le mètre courant....... 3.526 fr.
Clôtures intérieures et raccordements, soit 512 m. à 5 fr. 2.560 fr.
1 poulailler de ponte de 70 m. $\times$ 5 m., muni de per-
   choirs, planches à crottes, volets de coton, fenêtres,
   couvert en ruberoïd 2 ply et possédant un rear
   ventilator, confectionné à la ferme d'après plans 24.000 fr.
4 poussinières 3 $\times$ 7 confectionnées à la ferme ou une
   poussinière de 28 m. $\times$ 3 m................. 6.000 fr.
Un isolement 6 $\times$ 2.30.................... 1.500 fr.
Un fumier .... 1.000 fr.
Salles de service bois (3 salles de 3 $\times$ 4), soit double
   pente, etc., fabriqué à la ferme............. 5.000 fr.
Installation électrique pour éclairage artificiel........ 1.000 fr.
Petit matériel fabriqué : 1° avec abats provenant de la
   construction du poulailler ; 2° avec du bois neuf.
   Pour le poulailler de ponte :
14 trémies pâtée sèche, de 1 m. de long à 20 fr. l'une 280 fr.
14 râteliers à verdure, à 10 fr. l'un............. 140 »
7 trémies 3 compartiments, à 15 fr. l'une........... 105 »
70 mètres d'augettes, à 4 fr. le mètre............. 280 »
7 abreuvoirs, à 20 fr........................ 140 »
1 germinateur .... 150 »
4 seaux à 15 fr.......................... 60 »
1 réservoir-mélangeur pour pâtée................ 30 »
6 coffres à grains, farines, à 40 fr............... 240 »
Outils divers .... 40 »
Hache-verdure .... 150 »
Brouette .... 150 »
   Elevage :
16 abreuvoirs 1er âge à 3 fr................... 48 »
20 trémies 1er âge à 10 fr.................... 200 »
12 trémies 2e âge à 20 fr.................... 240 »
40 augettes 1er âge à 3 fr.................... 120 »
20 augettes 2e âge à 3 fr.................... 60 »
8 abreuvoirs 2e âge à 10 fr................... 80 »
1 pulvérisateur .... 140 »
4 éleveuses à 500 fr....................... 2.000 »

                      Total...... 51.886 fr.

Dont 49.086 comptant : 1° pour intérêt à 7 % ;

2° pour amortissement en 15 ans ou à 7 %.

Chaque année ces 49.086 francs sont portés en dépenses de la manière suivante :

Intérêt à 7 % de 2.800 fr..........................	196 fr.
Intérêt à 7 % de 49.086 fr......................	3.436 02
Amortissement à 7 % de 49.086 fr................	3.436 02
Intérêt à 7 % de 35.000 fr. (somme nécessaire à l'exploitation	2.400 00
Total......	9.468 02

Soit 10.000 fr. en chiffres ronds.

MARCHE DE L'EXPLOITATION

Première Année

Dépenses achat de 2.500 poussins à 3 fr...........	7.500 fr.
Nourriture, chauffage 2.500 poussins jusqu'à 12 semaines, à 4 fr.................................	10.000 »
Nourritures 1.000 poulettes de 3 mois d'âge jusqu'au 31 décembre	15.000 »
Paille, désinfectants, etc........................	1.000 »
	33.500 »
Intérêts et amortissements......................	10.000 »
Total des dépenses......	43.500 fr.

RECETTES

Vente de 1.000 coquelets de 1 kg. 500 à 10 fr. le kg...	15.000 fr.
Vente de 50 œufs par poulette à 0,70.............	35.000 »
Total......	50.000 fr.

Balance de 1re année. — Dépenses : 43.500.

Recettes : 50.000.

Bénéfice : 6.500 frs.
Profits et Pertes.

2e Année

Achats de 1.500 poussins à 3 fr.	4.500 fr.
Nourriture, chauffage 1.500 poussins jusqu'à 12 semaines, à 4 fr.	9.000 »
Nourriture 600 poulettes de l'année, de 12 semaines au 31 décembre, à 15 fr.	9.000 »
Paille, désinfectants, lumière	1.000 »
Nourriture des adultes : 400 conservées toute l'année, à 36 fr.	14.400 »
600 conservées 6, 7, 4 mois	12.000 »
Intérêts et amortissements	10.000 »
Total des dépenses normales	56.900 fr.

RECETTES DE SECONDE ANNEE

Vente de 600 coquelets	9.000 fr.
Ponte d'été 1.000 poulettes à 130 œufs, à 0,35	45.500 »
Ponte d'hiver (400 poules à 30 œufs), à 0,70	8.400 »
600 poulettes à 50 œufs)	21.000 »
Vente de 600 volailles de 18 mois aux fermes, à 20 fr. pièce	12.000 »
Total	95.900 fr.
Balance de 2e année : Dépenses	56.900 fr.
Recettes	95.900 »
Bénéfice	39.000 »

Soit environ 40 fr. par tête de pondeuse. Remarquons que nous n'avons pas tenu compte ni du fumier ni de la plume.

Dans cette somme, nous ne comptons pas la main-d'œuvre. Nous pouvons l'évaluer à 10.000 francs. Le bénéfice restant est de 30 fr. par tête.

Remarquons que nous avons engagé 85.000 francs dans cette entreprise. Notre argent est donc placé à 35 pour cent au moins.

COMMENT AUGMENTER CES REVENUS

Remarquons que dans les calculs précédents, nous comptons sur une ponte moyenne de 180 œufs par tête et par an, ce qui est le double de la production d'une volaille commune ou les 3/2ᵉ de celle d'une race pure non sélectionnée intelligemment depuis très longtemps, mais qui est cependant très raisonnable si l'on suit nos méthodes d'achat, d'alimentation, de tenue, de soins, d'éclairage artificiel.

On peut augmenter ces revenus :

a) En cédant les coquelets de 12 semaines ainsi que les volailles réformées aux fermiers afin que ceux-ci s'en servent pour améliorer leurs troupeaux ;

b) En pratiquant la conservation des œufs pondus de mars à septembre pour les vendre du 15 octobre au 15 décembre.

CONSERVATION DES ŒUFS

Chacun sait aujourd'hui, pour l'avoir entendu dire ou pour l'avoir expérimenté, que l'on peut conserver des œufs d'été pour les revendre du 15 octobre au 1ᵉʳ décembre, époque où ils font les plus hauts prix. Ces œufs sont communément vendus 0 fr. 60 la pièce. Or, il en coûte 0 fr. 10 par œuf en manipulations, achat des récipients et produits, frais de vente. Chaque œuf conservé donne donc une plus-value de 0 fr. 20. Le bénéfice supplémentaire qu'une ferme de 1.000 pondeuses peut obtenir par la conservation des œufs est d'au moins 8.000 francs l'an.

Disons d'abord que pour être conservés sans perte ni altération sensible, les œufs doivent provenir de volailles parfaitement nourries de rations riches en albuminoïdes afin que l'œuf soit dense (il doit marquer 2 heures après la ponte au moins du détecteur du Docteur Waldoff) et riches en matières minérales, de façon que la coquille soit épaisse et ne permette pas la casse.

Ils doivent aussi provenir de poules tenues à l'écart des coqs. Si on réserve en saison ordinaire un coquelet par compartiment de 150 pondeuses pour la discipline, la vivacité, la beauté du troupeau, ce coquelet sera enlevé au moment propice, soit une quinzaine de jours avant la conserve des œufs. L'altération provient, en effet, de l'embryon. Ces œufs seront mis dans des réservoirs de métal qui ne laissent pas de taches de rouilles sur les œufs (métal ne rouillant pas) ou mieux dans des récipients en poterie vernissée sans plomb.

Le liquide dans lequel les œufs sont plongés est composé de silicate de soude. On emploie communément les combinés Barrat, qui sont excellents et meilleurs que tous autres produits similaires.

L'eau de chaux, primitivement employée, a été abandonnée avec
juste raison. Elle laisse d'ailleurs les traces sur les œufs et altère
leur couleur.

CRÉATION PROGRESSIVE DE LA FERME INDUSTRIELLE
DE PONDEUSES

Le capital initial doit être assez important pour que l'on puisse
déjà avoir un rapport intéressant et pour que les volailles soient
traitées comme elles le seraient dans un établissement industriel.
Il est certainement recommandé aux débutants de ne pas commencer
en trop grand la première année. Mais loin de nous de vous conseil-
ler de travailler avec 10 pondeuses. Vous n'avez pas à inventer
l'aviculture : elle l'est. Vous n'avez qu'à mettre notre enseignement
en pratique en vous faisant la main. Or vous ne pouvez rien appren-
dre pratiquement, si vous ne vous mettez pas d'emblée dans les
conditions de l'Aviculture Industrielle. En tous points vos déductions
seraient fausses.

Commencez donc par 150 pondeuses, ce qui vous demande
une unité du poulailler de ponte de 5 m. $\times$ 10 m., une poussinière
de 3 m. $\times$ 7 m., un isolement de 2 m. $\times$ 2 m. 50. Vous multiplierez
ou agrandirez plus tard.

DEVIS

150 pondeuses, exploitation de 2ᵉ année
(100 poulettes et 50 poules)

Ne comptons ici maison, terrain, clôtures, que dans la proportion 150 de la somme affectée en dépenses sous les rubriques
dans le devis précédent, soit 500 francs.

Matériel :

Poulailler de ponte	3.500 fr.
Salle d'Elevage	1.500 »
Isolement 2 $\times$ 2,50	400 »
Eleveuse	500 »
Petit matériel et outils	1.500 »
Total	7.400 fr.

Portés en dépenses chaque année à 14 %, soit 1.176 francs.

ADMINISTRATION

Intérêts et amortissements : 500 fr. + 1.036........   1.536 fr.
Achats de 250 poussins de 1 jour.................   750 »
Nourritures et chauffage de ces poussins jusque 12
    semaines ....   1.000 »
Nourritures 100 poules 7 mois à 20 fr..............   2.000 »
Nourritures 50 poules 12 mois à 36 fr.............   1.800 »
Paille, désinfectants, éclairage...................   500 »

                    Total des dépenses......   7.586 fr.

RECETTES

Vente de 100 coquelets à 15 fr....................   1.500 fr.
Œufs d'hiver : 100 poulettes à 50 à 0 fr. 70........   3.500 »
Œufs d'hiver : 50 poules à 30 à 0 fr. 70............   1.050 »
Œufs d'été : 150 pondeuses à 130 à 0 fr. 35........   6.775 »
Vente de 100 poules à 20 fr.....................   2.000 »

                    Total......   14.825 fr.

    Balance : Recettes :   14.825
            Dépenses :   7.586

            Bénéfice   : 7.239 fr.

Mais si vous désirez monter petit à petit une ferme industrielle de pondeuses, faites à l'avance le plan de ce que sera votre élevage ; mettez chaque département à sa place définitive, de façon à ce que vous n'ayez plus qu'à prolonger le poulailler de ponte, ce qui est toujours possible, à prolonger ou à construire d'autres poussinières sans déplacer les premières.

Enfin, suivez toujours les conseils que nous vous donnons dans ce Cours. Il s'agit de rompre en visière avec tout ce que vous voyez autour de vous, d'oublier à jamais ce que vous avez appris auparavant. Le succès est là.

Des devis et des plans pour Etablissements de Sélection sont donnés dans la 16e leçon.

Questionnaire

Vous devez créer une ferme de 5.000 pondeuses. (Œufs de consommation). Dites en détail comment vous procéderez. Quel est le capital initial nécessaire, le matériel nécessaire, comment vous procèderez à la création, calculez en recettes et dépenses les mouvements de fonds. Quel bénéfice en devez-vous attendre ?